Seghiour Abdellatif

Diagnóstico da máquina de indução baseado no método dos elementos finitos

Seghiour Abdellatif

Diagnóstico da máquina de indução baseado no método dos elementos finitos

Identificação da barra do rotor partida e da excentricidade dinâmica

ScienciaScripts

Imprint

Any brand names and product names mentioned in this book are subject to trademark, brand or patent protection and are trademarks or registered trademarks of their respective holders. The use of brand names, product names, common names, trade names, product descriptions etc. even without a particular marking in this work is in no way to be construed to mean that such names may be regarded as unrestricted in respect of trademark and brand protection legislation and could thus be used by anyone.

Cover image: www.ingimage.com

This book is a translation from the original published under ISBN 978-620-2-02634-5.

Publisher:
Sciencia Scripts
is a trademark of
Dodo Books Indian Ocean Ltd. and OmniScriptum S.R.L publishing group

120 High Road, East Finchley, London, N2 9ED, United Kingdom
Str. Armeneasca 28/1, office 1, Chisinau MD-2012, Republic of Moldova, Europe
Printed at: see last page
ISBN: 978-620-7-89660-8

**Diagnóstico das avarias combinadas do rotor utilizando a densidade do fluxo magnético do entreferro
Espectro de uma máquina de indução**

Seghiour Abdellatif[*,1] , Seghier Tahar[1] , Zegnini Boubakeur[1] e George Georgoulas[2]

[1]Laboratório de Estudos e Desenvolvimento de Materiais Semi-Condutores e

Dieléctricos, Universidade Amar

Telidji de Laghouat, Algérie, BP 37G, Route de Ghardaïa. 03000, Laghouat, Algérie.

[2]Grupo de Engenharia de Controlo, Departamento de Ciências da Computação,

Engenharia Eléctrica e Espacial,

Universidade de Tecnologia, SE-97187 Luleâ, Suécia.

*Autor correspondente: a.seghiour@lagh-univ.dz

Resumo : Este artigo apresenta um método para o diagnóstico de avarias em máquinas de indução. O método proposto é capaz de detetar a presença de defeitos de excentricidade dinâmica e de barras do rotor partidas. Vários estudos têm tentado modelar uma máquina de indução com defeitos isolados e fornecer métodos para a sua deteção. No entanto, o desafio começa com a ocorrência de defeitos combinados que produzem assinaturas de defeitos difíceis de separar. O novo método proposto baseia-se no espetro medido da densidade do fluxo magnético do entreferro, que permite a deteção de defeitos combinados. É utilizado um método de elementos finitos para modelizar a máquina de indução em condições de defeito, em que os defeitos das barras do rotor são criados por uma operação de eliminação da condição de fronteira que é adicionada à parte do entreferro. Em seguida, a excentricidade dinâmica é formada pelos movimentos do centro do rotor rotativo com diferentes valores nominais. Do ponto de vista da modelação, a contribuição do presente trabalho é o estabelecimento da relação entre o espaço de ar do rotor e a modelação deste tipo de defeito de excentricidade. Além disso, o modelo proposto do intervalo de ar inclui duas partes: uma relacionada com o estator e outra com o rotor, designadas por intervalo de ar estatórico e intervalo de ar rotórico, respetivamente. O diferencial de ar rotórico é utilizado para a modelação da excentricidade dinâmica. São apresentadas simulações em computador utilizando o vetor magnético do air-gap e o campo magnético nas componentes X e Y, para confirmar a robustez da técnica proposta. Finalmente, o espetro da densidade do fluxo magnético do entreferro é utilizado para a análise de defeitos combinados do rotor.

Palavras-chave: Diagnóstico; Máquina de Indução; Método dos Elementos Finitos; Campo Magnético; Excentricidade Dinâmica; Barra de Rotor Partida.

Índice

Introdução

As máquinas de indução (MI) são compostas por várias peças mecânicas e eléctricas (barra do rotor, enrolamento do estator...) e são frequentemente utilizadas em ambientes industriais difíceis. Cada parte de uma MI está potencialmente exposta ao risco de falhas mecânicas e/ou eléctricas. Foram propostas várias abordagens para identificar uma ou mais falhas encontradas num MI, no entanto, na maioria dos casos, estas falhas são investigadas isoladamente, uma de cada vez.

A maioria destas falhas está associada ao rotor, devido à variação da velocidade operacional de rotação (Tavner 2008). Existem duas falhas diferentes no rotor que podem ocorrer: excentricidade do rotor e barras do rotor partidas (BRB) (Bhattacharya e Dan 2014; Naderi e Fallahi 2016). A excentricidade é definida como uma assimetria no espaço de ar entre o estator e o rotor. Pode assumir as seguintes formas (Bessous et al. 2016): excentricidade estática (SE), em que os centros do rotor e do estator não estão alinhados, mas o rotor roda em torno do seu centro, excentricidade dinâmica (DE), em que os centros do rotor e do estator podem ou não estar alinhados, mas o rotor não roda em torno do seu centro - (Li et al. 2016), e excentricidade mista (ME), que, como o próprio nome indica, apresenta excentricidade dinâmica e estática (Park e Hur 2016; Goktas et al. 2016). A excentricidade do rotor pode ocorrer devido a vários factores, como a tolerância de engenharia, um núcleo de estator oval, o posicionamento incorreto do rolamento ou o desgaste do rolamento (Boudinar et al. 2015). A falha de excentricidade é considerada como a principal falha mecânica em máquinas eléctricas. As falhas na barra do rotor também podem levar a falhas de excentricidade (Faiz e Moosavi 2016). Num dos primeiros trabalhos de análise de DE (Cameron et al. 1986), a deteção de excentricidades em MI é conseguida através da análise de vibrações e da monitorização das correntes. O efeito das cargas é considerado em (Dorrell et al. 1997) utilizando as mesmas condições que as utilizadas em (Cameron et al. 1986). Em (Nandi et al. 2001), é apresentada a abordagem da função de enrolamento modificada (MWFA) para a deteção de excentricidade. Em (Naderi e Fallahi 2016), utilizaram a MWFA para modelar as máquinas com base em métodos de integração trapezoidal e foi também utilizada para calcular as indutâncias da máquina.

Por outro lado, as avarias das BRB podem ser causadas por sobrecargas, subtensão ou arranques demasiado frequentes, que provocam tensões electromecânicas extremamente elevadas (Benbouzid 2000). Foram desenvolvidos vários métodos para o diagnóstico das BRB. O principal método entre eles é o conhecido Motor Current Signature Analysis (MCSA) (Rodríguez et al. 2008; Faiz e Ebrahimi 2009; Baccarini et al. 2010; Cruz 2012; Chattopadhyaya et al. 2013; Hanafy et al. 2014; Bessous et al. 2016). Nesta abordagem, a BRB é identificada pelo espetro de corrente do estator, utilizando técnicas de processamento de sinal. Todos os estudos anteriores mostraram que o MCSA só pode operar sob condições adequadas de carga, o que motivou nosso esforço para desenvolver um método de diagnóstico sob uma condição sem carga. Além disso, os estudos acima mencionados, não trataram da condição de vazio de um motor, implicando que o método é ineficiente neste caso. No entanto, uma das causas mais comuns dos falsos alarmes de avaria do rotor é a interferência causada pelas condutas de ar axiais do rotor. As condutas axiais podem fazer com que a relutância magnética do percurso do fluxo seja assimétrica, uma vez que o fluxo pode penetrar no interior das condutas axiais, dependendo da posição relativa entre o fluxo e o rotor.

No caso de as condutas axiais e os pólos serem iguais, isto pode produzir componentes de banda lateral na corrente do estator que se sobrepõem à assinatura da falha do rotor, resultando em falsos alarmes (Lee et al. 2013; Yang et al. 2014; Yang et al. 2015; Kim et al. 2015).

Muitos estudos melhoraram a exatidão da deteção utilizando o MCSA em condições de carga total da máquina, como na ref. (Silva et al. 2013; Guedidi et al. 2013; Sahraoui et al. 2014; Boughrara et al. 2015; Faiz e Moosavi 2016; Sakhara et al. 2016; Mabrouk et al. 2017), que são condições ideais para a monitorização. No entanto, existem alguns inconvenientes associados à utilização do MCSA, tal como tem sido referido na literatura (Lee et al. 2013; Yang et al. 2014; Yang et al. 2015; Kim et al. 2015). Além disso, as excentricidades inerentes causadas durante o fabrico não podem ser detectadas a baixa carga. Este facto levou à proposta de métodos de análise que consideram a condição de vazio para identificar as diferentes falhas no MI, quer isoladamente quer de forma combinada.

A assinatura do campo axial externo (EAFS) apresentada em (Vitek et al. 2010; Ceban et al. 2010; Ceban et al. 2012; Faiz e Moosavi 2016) tem sido utilizada para detetar muitos defeitos relacionados com o estator ou o rotor. Em (Romary et al. 2005; Ceban et al. 2012), propuseram que o campo magnético externo pode ser utilizado para diagnosticar e detetar excentricidades e BRB no MI, mas o método necessita de utilizar mais do que um sensor de bobina em diferentes posições de medição. Por último, é de notar que, em ambientes industriais, podem ser causadas perturbações no ar que podem produzir falsos alarmes.

O Método dos Elementos Finitos (MEF) tem sido proposto para modelar e analisar a falha de máquinas eléctricas (Iga et al. 2016). De facto, é a técnica numérica mais utilizada para resolver problemas determinados por equações diferenciais parciais (EDPs). Este método fornece os melhores resultados para estruturas geométricas complexas, considerando a caraterística não linear dos materiais acoplada ao circuito equivalente da máquina de diferentes maneiras (Seghiour et al. 2016). Uma dessas aplicações utiliza um modelo MEF para prever o desempenho do MI sob uma excitação de tensão sinusoidal (Xiuhe Wang et al. 2006; Xiaoyan Wang e Dexin Xie 2009; Huangfu et al. 2014). No entanto, a principal técnica utilizada para a modelação de MI com excentricidade é o MWFA (Naderi e Fallahi 2016), que é utilizado para determinar as indutâncias mútuas entre as bobinas do estator e as malhas do rotor sob excentricidade sã e com entreferro (Faiz e Ojaghi 2009). O modelo proposto apresenta uma nova ideia para a modelação da DE através da utilização do entreferro. O entreferro é concebido em duas partes: o entreferro estatórico e o entreferro rotórico, que podem dar origem a dois centros que permitem modelar defeitos de excentricidade. A parte estatórica é utilizada para a SE e a parte rotórica é utilizada para a DE. Além disso, a malha do entreferro estatórico é fixa e a do entreferro rotórico é móvel, sendo que, neste caso, é utilizada a deslocação da parte do rotor (barras, núcleo do rotor e entreferro rotórico) para obter diferentes valores da taxa DE.

Em todos estes estudos, o método de diagnóstico das avarias do rotor baseia-se na análise das assinaturas eléctricas e magnéticas. Os trabalhos existentes não conseguem resolver a discriminação entre avarias mecânicas e eléctricas e limitam-se a testar um pequeno número de casos. Em (Baccarini et al. 2010) é proposto um modelo dinâmico para analisar avarias eléctricas e mecânicas em MIs, que inclui assimetrias de rede e condições de carga, utilizando, no entanto, um número limitado de BRBs e de casos de avarias mecânicas, tratando de cada vez um tipo de avaria. Em (Antonino-Daviu et al. 2009), as falhas combinadas em GI são tratadas utilizando a Transformada Wavelet Discreta (DWT) da corrente do estator. No entanto, o estudo não discute o ME e o seu efeito noutras falhas. O caso de barras do rotor em falta também pode ocorrer. Em (Romero-Troncoso et al. 2011; Hernandez-Vargas et al. 2014; Camarena-Martinez et al. 2015) conseguiram detetar múltiplas falhas combinadas utilizando diferentes metodologias; inferência lógica difusa, decomposição do valor singular, análise estatística e redes neurais artificiais e fusão da decomposição do modo empírico (EMD) e classificação de sinais múltiplos (MUSIC), mas não lidaram com o aumento do número de BRB combinado com falhas de excentricidade.

Um MEF de MIs tem sido usado para modelagem em muitos estudos (Halem et al. 2013; Iga et al. 2016; Labiod et al. 2017), nos quais a geometria e a malha do estator e do rotor não mudam. No entanto, neste trabalho atual, o estator não muda, e apenas a região da malha no entreferro e no rotor será substituída, o que também é resolvido mais rapidamente pelo solver FEM do modelo (Seghiour et al. 2014; Seghiour et al. 2015b; Seghiour et al. 2015a; Seghiour et al. 2016).

A fim de investigar o efeito das falhas combinadas no comportamento da máquina, examinamos as falhas combinadas pelas suas assinaturas harmónicas relacionadas com o espetro da densidade do fluxo magnético do entreferro. Vários autores apresentaram abordagens para a modelação de MIs que contêm defeitos na barra do rotor utilizando um modelo de circuito elétrico (Kaikaa et al. 2014), cancelando as correntes circulantes na barra do rotor que levaram a um aumento considerável das correntes das barras adjacentes. Neste artigo, a investigação baseia-se na técnica dos elementos finitos. Neste caso, as barras do rotor em IM podem ser quebradas progressivamente. Em primeiro lugar, podem ser fendilhadas, mas não totalmente quebradas, modelando este estado com uma baixa condutividade eléctrica da barra correspondente (Boughrara et al. 2015) ou com uma resistência elevada que aumenta a resistência da barra do rotor (Kaikaa et al. 2014). Em segundo lugar, são definitivamente quebradas por uma condutividade eléctrica nula (Boughrara et al. 2015). Por esta razão, suprimimos o domínio das barras para não modificar a condutividade de acordo com (Seghiour et al. 2015a; Seghiour et al. 2016) e removendo os limites da barra correspondente que dá as características de air-gap às barras quebradas. Além disso, é introduzido um método para o diagnóstico de barras de rotor partidas quando as máquinas funcionam em condições de vazio ou com baixo deslizamento.

Por conseguinte, a contribuição distinta deste documento consiste em propor um modelo para o diagnóstico da MI da seguinte forma:

1)	Um método baseado no espetro de densidade do fluxo magnético do entreferro que pode funcionar mesmo em condições de vazio, capaz de discriminar defeitos combinados.

2)	Um método FEM que pode simular vários graus de rutura da barra do rotor.

3)   Uma nova abordagem para a modelação da DE utilizando o espaço de ar

A Fig. 1 mostra a técnica proposta utilizada para o estudo de falhas simultâneas do rotor, como BRB com DE. É proposta a análise da Assinatura do Campo Magnético Interno (IMFS), que tem sido utilizada de forma separada (Seghiour et al. 2014; Seghiour et al. 2016) para BRB e (Seghiour et al. 2015a) para excentricidade. Primeiro, é apresentada uma análise de falhas isoladas para um, dois e três BRB no caso de barras adjacentes e depois não adjacentes. Em seguida, são investigadas as falhas DE de 16% a 66%, utilizando grandezas do campo magnético do entreferro, como o potencial vetorial magnético ao longo do entreferro e as componentes X e Y do campo magnético. Em seguida, procede-se à identificação da BRB com base na componente das bandas laterais em torno da frequência fundamental, seguida da DE na componente das bandas laterais em torno dos harmónicos da ranhura principal (PSH) (Faiz et al. 2010). Finalmente, é tratada a identificação das falhas combinadas do DE simultâneo com BRB nas componentes das bandas laterais de ambos.

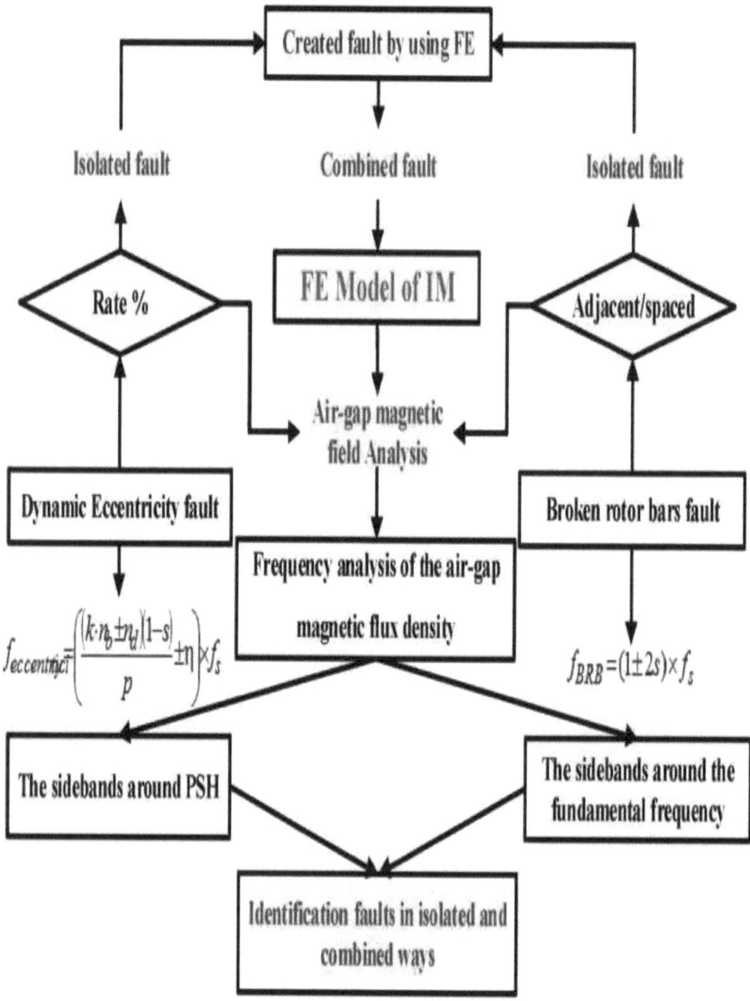

$$f_{eccentricity} = \left(\frac{\left(k \cdot n_b \pm n_d\right)(1-s)}{p} \pm \eta \right) \times f_s$$

$$f_{BRB} = (1 \pm 2s) \times f_s$$

Fig. 1 - Esquema da técnica de diagnóstico por procedimento.

Modelação IM

O MEF é utilizado para o cálculo do campo magnético em MIs. Os cálculos do campo bidimensional (2D) são efectuados utilizando as equações de Maxwell. Para a fase de pré-processamento do cálculo do MEF, as propriedades físicas, como a geometria atual, são necessárias para uma conceção adequada da malha, especialmente no intervalo de ar da máquina (Labiod et al. 2017). A geometria 2D e a malha de um MI estão representadas na Fig. 2 e 3, respetivamente, onde o MI é composto pelo rotor, estator, enrolamento do estator, barras do rotor e entreferro (entreferro estatórico-ar apresentado na parte verde e entreferro rotórico-ar pela parte azul), os parâmetros da máquina em estudo neste trabalho são apresentados na Tabela. 1.

Tabela 1: Parâmetros da máquina

Variável	Valor
Número de postes	4
Número de fases	3
Tensão nominal [V]	220
Frequência nominal [Hz]	50
Velocidade de rotação [rpm]	1500
Número de ranhuras do estator	36
Número de ranhuras do rotor	30
Diâmetro exterior do núcleo do motor [m]	0.12
Diâmetro interior do núcleo do motor [m]	0.075
Comprimento do entreferro [m]	0.003
Deslizamento	0.000114

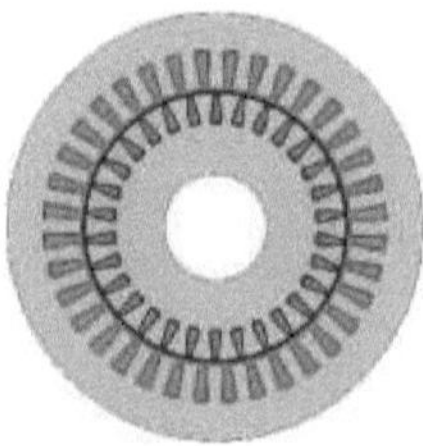

Fig. 2 - Geometria do circuito magnético.

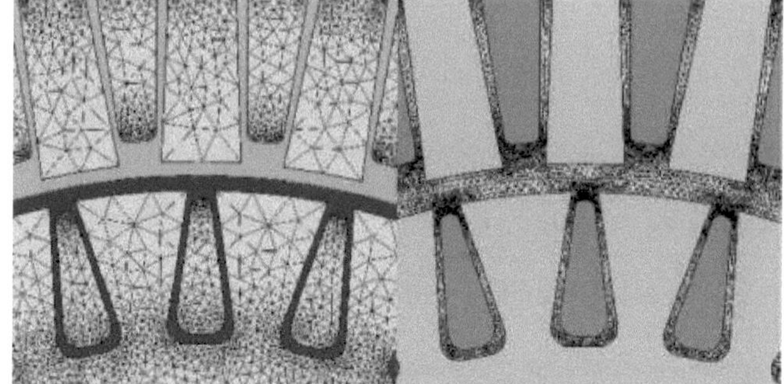

Fig. 3 - Circuito magnético em malha: (a) Air-gap, (b) estator e rotor.

Equações do campo eletromagnético

Em 2D, a análise é efectuada utilizando potenciais vectoriais magnéticos A_z. O campo eletromagnético no IM é descrito pelo conjunto das equações de Maxwell enunciadas em (1) a (3), que são combinadas no MEF para encontrar soluções aproximadas para os elementos finitos discretizados (Arkkio 1990; Ho et al. 1998). Um campo elétrico rotativo é induzido quando existe uma densidade de fluxo magnético variável no tempo, de acordo com a Equação (1) (lei de Faraday). A expressão da corrente de

$$\nabla \times E = -\frac{\partial B}{\partial t} \tag{1}$$

$$\nabla \times H = J + \frac{\partial D}{\partial t} \tag{2}$$

$$\nabla \cdot B = 0 \tag{3}$$

deslocamento é negligenciada uma vez que os campos electromagnéticos são assumidos como quase-estáticos. Por esta razão, a Equação (2) será reescrita pela Equação (6). Além disso, a Equação (3) afirma que não existem cargas magnéticas e que as linhas de campo magnético formam laços fechados.

E : Intensidade do campo elétrico.

D : Deslocamento elétrico ou densidade de fluxo elétrico.

H : Intensidade do campo magnético.

B : Densidade do fluxo magnético.

J : Densidade da corrente.

$$J = \sigma E + \sigma v \times B + J_e \tag{4}$$

Assim, para as camadas condutoras, quer estacionárias quer em movimento com o vetor velocidade v , a corrente induzida é contabilizada utilizando a lei de Ohm para as regiões em movimento, sendo J definida pela Equação (4): onde Je é uma densidade de corrente gerada externamente e σ a condutividade eléctrica. O potencial vetorial magnético é estimado em cada nó utilizando uma formulação bidimensional do problema. A Equação (5) mostra que a densidade do fluxo magnético é a curvatura do potencial vetorial magnético como:

$$B = \nabla \times A \tag{5}$$

Tendo isto em conta, a variação do deslocamento elétrico será nula pela análise quase-estática de Maxwell-Ampere e a Equação (2) passa a ser:

$$\nabla \times H = J \tag{6}$$

A equação do campo eletromagnético resultante para camadas condutoras (Ho et al. 1998) é a seguinte aplicando (1) a (6), e a equação geral (7) aplicada nos domínios IM é dada por:

$$\sigma \frac{\partial A}{\partial t} + \nabla \times \left(\mu_0^{-1} \mu_r^{-1} \nabla \times A \right) - \sigma v \times \nabla \times A = J_e \tag{7}$$

O enrolamento do estator é composto por bobinas multi-voltas, no entanto, a componente da densidade de corrente na direção dos fios é definida pela Equação (8):

$$J_e = \frac{N\left(V_{A,B,C} + V_{ind}\right)}{A_{winding} \cdot R_{A,B,C}} \tag{8}$$

em que $V_{A,B,C}$ são as tensões fornecidas às três ranhuras do estator, J_e é a corrente gerada pelos enrolamentos do estator, $A_{winding}$ é a secção transversal do domínio do enrolamento, N é o número de voltas de um enrolamento do estator, $R_{A,B,C}$ são as resistências do estator, V_{ind} é a tensão induzida calculada integrando o campo elétrico ao longo da bobina do enrolamento do estator.

No caso de um rotor em gaiola de esquilo, não há indução de tensão nas barras do rotor, que são produzidas pelo efeito da indução criada pelos enrolamentos do estator. O número de pares de pólos não é afetado pelo efeito da indução proveniente do estator. A barra do rotor é composta por uma bobina de uma só volta; a componente fora do plano da densidade de corrente é definida pela Equação (9), em que $R_{a,b,c}$ é a resistência do rotor, A_{bar} é a secção transversal do domínio da barra do rotor (Kaltenbacher 2T15).

O movimento de modelação de máquinas eléctricas rotativas é efectuado através do deslocamento da malha da parte rotativa do MI (Kettunen et al. 2014), em que a malha móvel é aplicada ao rotor e à parte do entreferro rotórico. Por outro lado, o estator e a restante parte do espaço de ar são fixos.
O material utilizado na estrutura da máquina é um ferro macio de tipo ferromagnético (sem perdas). A relação entre a densidade do fluxo magnético B e o campo magnético H é não linear e depende do material utilizado. A Fig. 4 mostra a curva *B - H* deste tipo de material. Assim, verifica-se que o ferro macio atinge o seu melhor estado de magnetização próximo da saturação entre 1,6 Tesla e 2,4 Tesla, enquanto que a super-saturação deve ser evitada.

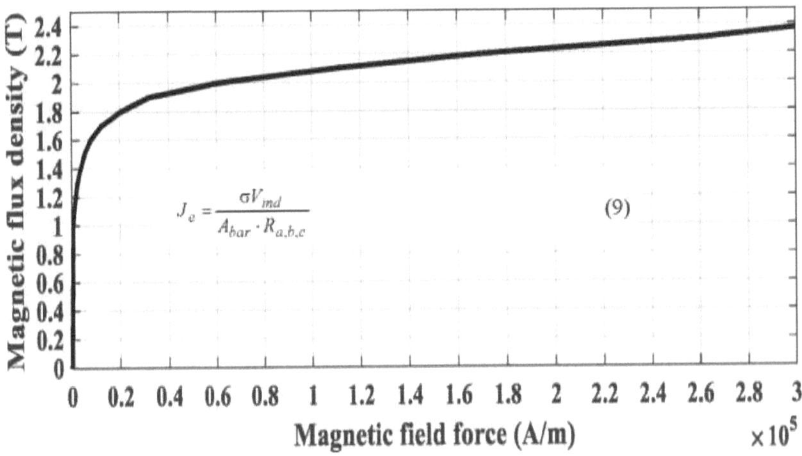

$$J_e = \frac{\sigma V_{ind}}{A_{bar} \cdot R_{a,b,c}} \tag{9}$$

Fig. 4. Curva *B - H*.

Modelação do GI em caso de defeitos do rotor

Uma barra do rotor em falta aumenta consideravelmente as correntes da barra do rotor adjacente, o que cria um desequilíbrio no entreferro e no pólo par do GI. Este facto aumenta os danos, levando a um aumento do número de barras partidas. Para analisar este tipo de defeitos, o método proposto elimina ou modifica as propriedades da barra do rotor, acrescentando a parte partida ao entreferro, como se mostra na Fig. 5a. O presente estudo concluiu que o método proposto de simulação de BRB diminui o número de elementos triangulares, ver Fig. 5b. Os BRBs propostos neste estudo enquadram-se nos seguintes casos:

- Barras partidas num poste.

- Três barras quebradas adjacentes num poste.

- Três barras quebradas não adjacentes num pólo diferente por um deslocamento angular de 120°.

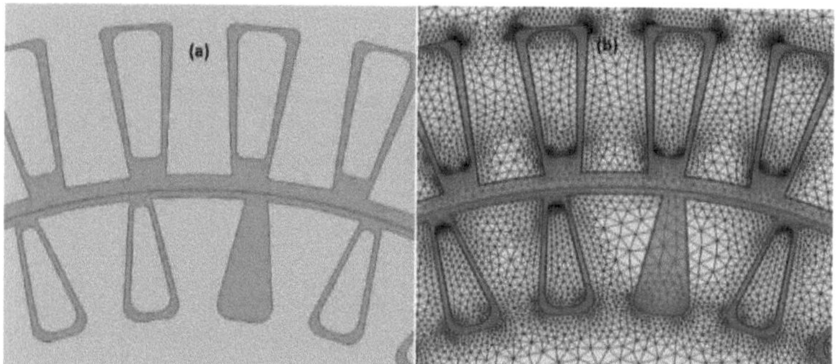

Fig. 5 - Máquina avariada com barra partida; (a) geometria, (b) malha.

Em seguida, o DE foi modelado deslocando o centro de rotação em diferentes localizações do eixo em comparação com o centro original. A Fig. 6 mostra a rotação do rotor em torno do entreferro para um DE, onde a Fig. 6(a) apresenta a principal técnica utilizada para modelar o DE, que se baseia na utilização das partes do entreferro

rotórico. A geometria e a malha do MI com 33% de DE são apresentadas na Fig. 6(b).

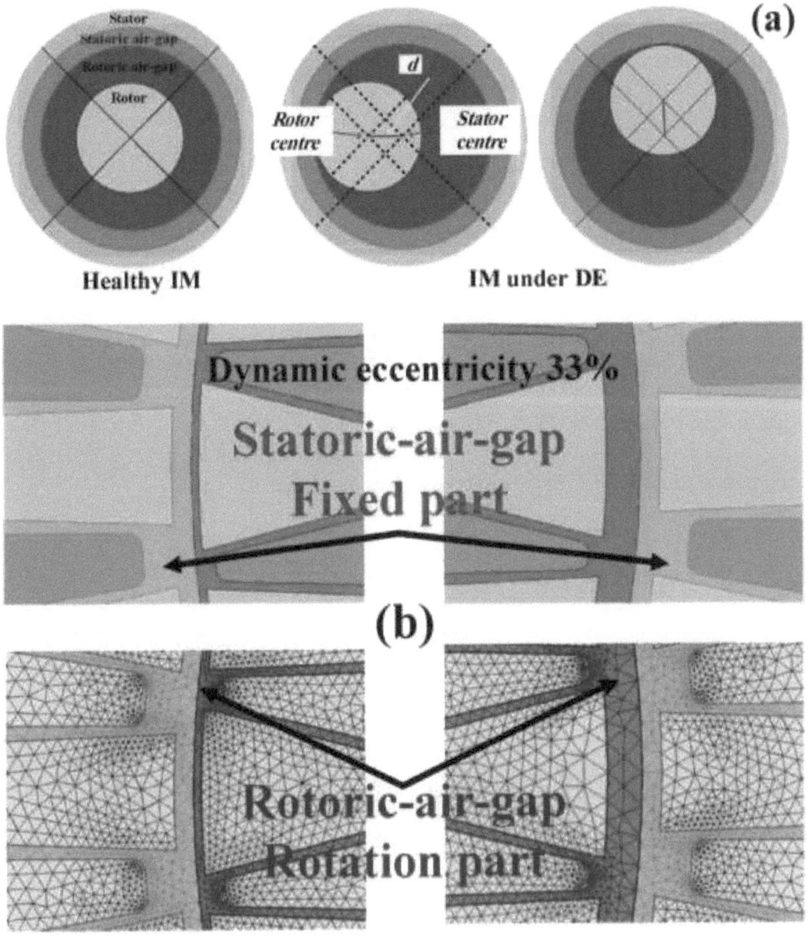

Fig. 6 - (a) Modelação da excentricidade dinâmica, (b) geometria e malha.
Além disso, um maior aumento do grau de DE conduz a um aumento do número de

elementos triangulares entre o rotor e o estator, enquanto o outro lado do intervalo de

ar diminui. A malha de uma máquina avariada mostra um aumento do número de

elementos triangulares com o aumento do grau de avaria, como se apresenta na Fig.

6(b). Além disso, a Fig. 7 mostra a rotação do rotor com a presença de 66% DE de 0,54s a 0,58s, o que representa a variação (aumento/diminuição) dos elementos da malha no entreferro. Além disso, uma constatação interessante é que o rotor de 0,54s a 0,55s parte de uma posição muito próxima do estator, depois, de 0,555s a 0,57s está

$$p_{da\%} = \left(\frac{d}{l}\right) \times 100\% \qquad (10)$$

afastado do estator, e a operação se repete durante a rotação. A equação (10) define a taxa de excentricidade em que o parâmetro d é a distância entre os centros do estator e do rotor, como se mostra na Fig. 6a. que varia entre zero e o comprimento do entreferro (1 = 0,003), que é igual a 0,0005, 0,001, 0,0015 e 0,002[m] e a percentagem de falha de excentricidade é de 16, 33, 50 e 66%, respetivamente.

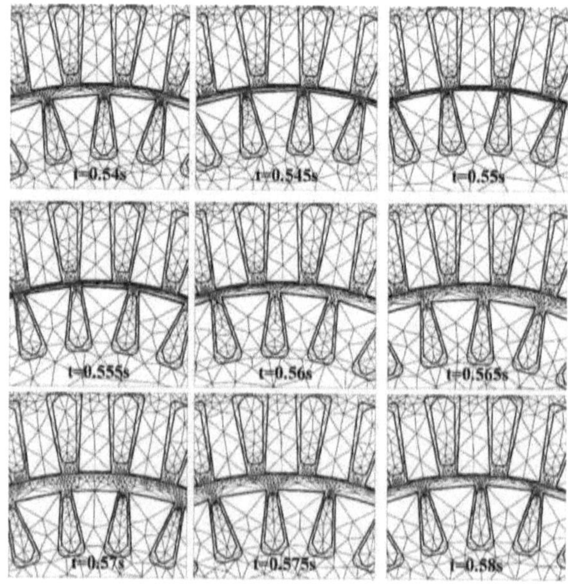

Fig. 7 - Sequência temporal para o MI rotativo na presença de 66% de DE.

Falhas do IM

Neste estudo, é apresentado o efeito do campo eletromagnético do MI para os DE e BRB. O MEF é a principal técnica para calcular as distribuições do campo magnético no entreferro sob as diferentes condições de falha do rotor. Nesta secção, é apresentada uma comparação do potencial vetorial magnético para um motor com um rotor saudável e um rotor defeituoso. A Fig. (8) mostra a variação do potencial vetorial magnético do entreferro em função do ângulo do rotor. O que se destaca neste resultado é a distribuição simétrica do GI saudável.

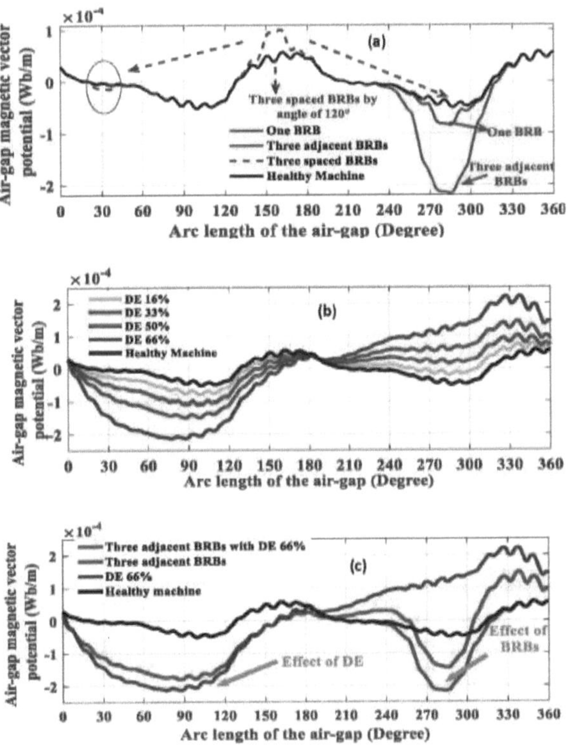

Fig. 8 - Potencial vetorial magnético do espaço de ar para BRBs (a), DE (b), BRB com DE (c).

A distribuição do potencial vetorial magnético do entreferro para uma máquina típica é simétrica, como se mostra na Fig. 8 a 0,6[s]. Os resultados assim obtidos são compatíveis com o tipo de barras quebradas do rotor (adjacentes ou não adjacentes). Nestas condições, a presença de uma BRB é assimétrica, como apresentado na Fig. 8(a). Além disso, mais barras do rotor adjacentes quebradas levam a um maior aumento do potencial vetorial magnético. Outro resultado significativo é o facto de a distribuição assimétrica estar relacionada com o tipo de BRBs. O valor para o caso de uma BRB é de cerca de -10^{-4} [Wb/m] e para três BRBs adjacentes é superior a -2×10^{-4} [Wb/m]. O caso do DE é apresentado na Fig. 8(b), onde a presença deste defeito aumenta o potencial vetorial magnético. Este aumento é definido pela alteração do comprimento mínimo do intervalo de ar entre o estator e o rotor; quanto mais próximo o rotor estiver do estator, maior será o aumento do potencial vetorial magnético. De acordo com a Fig. 8(b), a falha de excentricidade distorce a distribuição do potencial vetorial magnético. Além disso, a magnitude do vetor magnético do motor avariado em alguns pontos é maior do que a do MI saudável, o que é semelhante à saturação local devido à deslocação do rotor no MI avariado. Os MI podem ser afectados por diferentes tipos de falhas; por vezes, podem ocorrer duas ou mais falhas em simultâneo. Num sistema com defeitos combinados, como os BRB e os DE, é importante distinguir entre as condições de defeito. Se existirem falhas combinadas, o potencial vetorial magnético do entreferro apresenta cada vez mais frequências combinadas, o que, quando as falhas não ocorrem em simultâneo, tem tendências claras entre essas falhas. No entanto, se a presença de DE e BRBs simultâneos, o efeito de DE resulta numa diminuição do efeito de BRB no entreferro e é muito significativo, a Fig. 8(c) mostra o efeito de 66% DE e três BRBs adjacentes ocorrendo ao mesmo tempo. A conclusão mais interessante desta análise é que o efeito de DE influencia o efeito de BRB, como se pode ver na Fig. 8 (c). É óbvio que o potencial vetorial magnético aumenta com a presença de ambas as falhas, em comparação com o caso em que as falhas ocorrem separadamente. Esses resultados concordam com os achados de outros estudos, que trataram as faltas combinadas pela análise das correntes do estator (Faiz et al. 2010; Romero-Troncoso et al. 2011; Camarena-Martinez et al. 2015). A investigação do campo magnético do air-gap é usada para analisar as falhas do rotor (Iamamura et al. 2010; Iamamura et al. 2012). As componentes do campo magnético foram escolhidas para avaliar a eficácia da deteção, e também para ajudar a compreender como as falhas simultâneas ocorreram no MI. Os autores (Iamamura et al. 2010; Iamamura et al. 2012) utilizaram dois sensores em dois locais da caixa de ar para detetar a presença de defeitos de excentricidade. No entanto, no caso de defeitos combinados, a medida do campo magnético num ponto da caixa de ar da máquina é suficiente para detetar a presença destes defeitos.As componentes X e Y do campo magnético da caixa de ar (H_x e H_y) apresentadas nas Fig. 9, 10 e 11 são os valores absolutos das direcções x e y em relação ao ponto de medidas. A partir das equações de Maxwell, que são calculadas a partir da relação de continuação da densidade de fluxo magnético B e do campo magnético H no espaço de ar ($B = \mu H$ e $\mu = \mu 0. \mu r$), a definição de potencial vetorial fornece as componentes da densidade de fluxo:

$$B_x = \frac{\partial A_z}{\partial y} \quad \text{and} \quad B_y = -\frac{\partial A_z}{\partial x}$$

Além disso, as componentes H_x e H_y do campo magnético são calculadas pela Equação (11) da seguinte forma:

$$H_x = \frac{1}{\mu} B_x \quad \text{and} \quad H_y = \frac{1}{\mu} B_y \tag{11}$$

Substituindo os componentes da densidade do fluxo magnético na Equação (11) pela

derivada do potencial vetorial magnético, obtém-se a Equação (12) (Kim e Lieu 1998):

$$H_x = \frac{1}{\mu} \frac{\partial A_z}{\partial y} \quad \text{and} \quad H_y = -\frac{1}{\mu} \frac{\partial A_z}{\partial x} \tag{12}$$

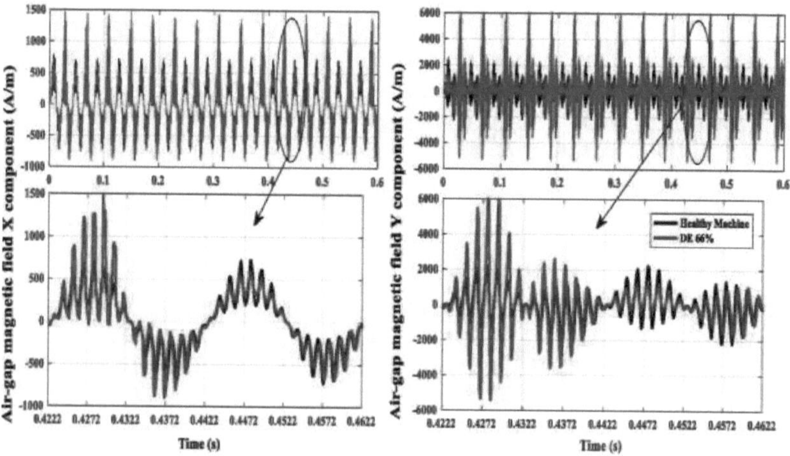

Fig. 9 - Componentes X e Y do campo magnético para máquinas saudáveis e DE.

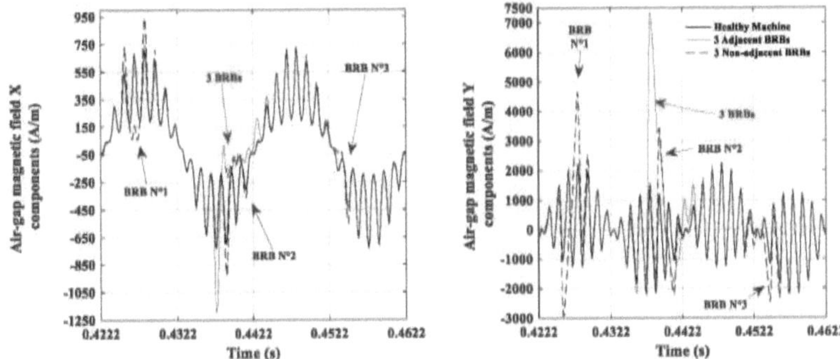

Fig. 10 - Componentes X e Y do campo magnético para a máquina saudável e as barras de tração.

Os resultados obtidos a partir da análise preliminar das componentes X e Y do campo magnético no entreferro são apresentados na Fig. 9 para as taxas DE de 16% e 66%, onde a forma de onda do campo magnético aumenta inicialmente de 0,4222[s] para 0,4422[s], uma vez que o rotor está muito próximo do estator. De facto, se o rotor estiver longe do estator no período de 0,4422[s] a 0,4622[s], a amplitude do campo magnético do entreferro diminui. Por conseguinte, os nossos resultados estão completamente de acordo com os resultados experimentais relatados em (Iamamura et al. 2010; Iamamura et al. 2012), onde apresentaram uma técnica de medição do campo magnético com base nas bobinas de pesquisa no método air-gap.

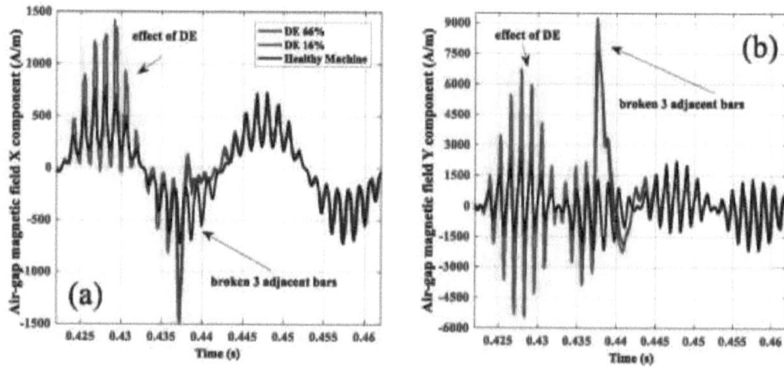

Fig. 11 - Componentes X e Y do campo magnético do entreferro para a presença

simultânea de

barras do rotor adjacentes quebradas e DE.

Relativamente à BRB na Fig. 10, existem várias diferenças importantes entre os

componentes X e Y do campo magnético. A evidência da existência de BRB pode ser

claramente observada pelo aumento no caso da componente X em comparação com o

MI saudável. A diminuição da amplitude é evidente no caso da componente Y. A partir

da análise anterior, pode ver-se que a presença de ambas as falhas na Fig. 11 aumentou

a assinatura da falha. Como resultado, quando ocorrem em conjunto, será

provavelmente difícil discriminá-las, em consequência do efeito que cada uma tem

sobre a outra.

Análise de frequência de defeitos do rotor

A equação geral do IM é apresentada pela variável A_z , e pelas componentes da densidade do fluxo magnético, B_x e B_y . Nas direcções x e y, a densidade de fluxo

$$B_x = \frac{\partial A_z}{\partial y} \quad and \quad By = \frac{\partial A_z}{\partial x} \quad \Rightarrow B = \sqrt{B_x^2 + B_y^2} \tag{13}$$

magnético B norm é determinada a partir da Equação (13) abaixo;

Os resultados do campo eletromagnético 2D são utilizados no presente estudo para determinar o impacto das falhas no entreferro e através da simulação do campo magnético com um rotor saudável e um rotor defeituoso. Os resultados são apresentados para BRBs e DE quando ocorrem separadamente nas Fig. 12 e 13, respetivamente. Pode-se notar que a mudança da densidade de fluxo é periódica e suave no caso do rotor saudável, enquanto que a densidade de fluxo flutua com o tempo após uma falha no rotor. O aumento da amplitude devido a falhas é significativo à medida que o número de barras quebradas aumenta. Além disso, uma barra do rotor em falta aumenta consideravelmente as correntes das barras vizinhas do rotor. Além disso, o efeito de uma barra de rotor leva a um aumento da densidade do fluxo magnético do entreferro para 0,004 [T], e para o caso de três barras de rotor adjacentes para 0,009 [T], enquanto para o caso de três barras de rotor não adjacentes para 0,005 [T]. Esta deformação tem lugar entre 0,4222 [s] e 0,4622 [s]. Uma comparação do gráfico da densidade do fluxo magnético do entreferro entre o rotor em bom estado e o rotor com defeito demonstra que os componentes harmónicos da densidade do fluxo magnético do entreferro em diferentes posições para as barras partidas são superiores aos do rotor em bom estado.

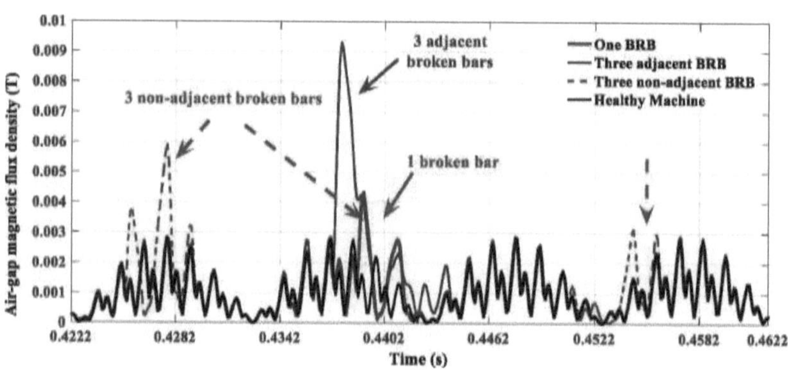

Fig. 12 - Densidade do fluxo magnético no entreferro para máquinas sãs e avariadas com BRBs.

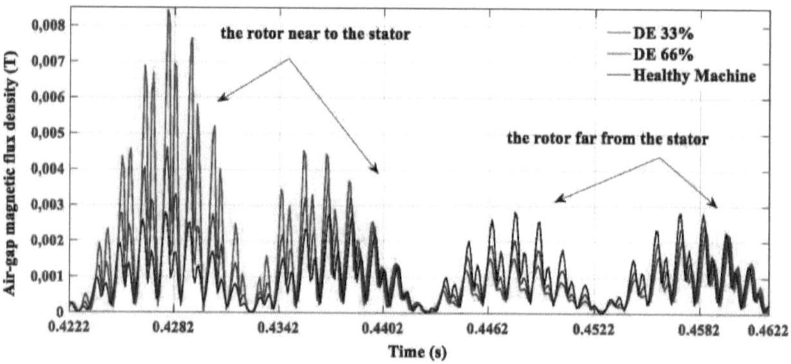

Fig. 13 - Densidade do fluxo magnético no entreferro para máquina sã e avariada contendo DE.

O efeito da DE é muito significativo para o diferencial de ar. A Fig. 13 mostra que este efeito é evidente na medição da densidade de fluxo magnético do entreferro, quando o rotor está mais próximo do estator, a densidade de fluxo magnético mostra um aumento aparente em comparação com quando o rotor está longe do estator. Para ilustrar o resultado, foi efectuada uma simulação de BRB combinado com DE. Na parte superior da Fig.14, o aumento da densidade do fluxo magnético para três BRB adjacentes pode ser "adicionado" ao aumento da DE de 16% para 66%. No caso em que a barra n.º 1 se encontra na zona de efeito DE, como se pode ver na parte inferior da Fig. 14, a diminuição da densidade do fluxo magnético entre 0,425 e 0,43s pode ser causada pela presença da barra partida quando o rotor está próximo do estator. Além disso, isto significa que esta posição da barra está sempre próxima do estator. No caso das BRB N°2 e 3, elas estão fora da zona de efeito DE, mas há um aumento significativo relacionado com o grau DE.

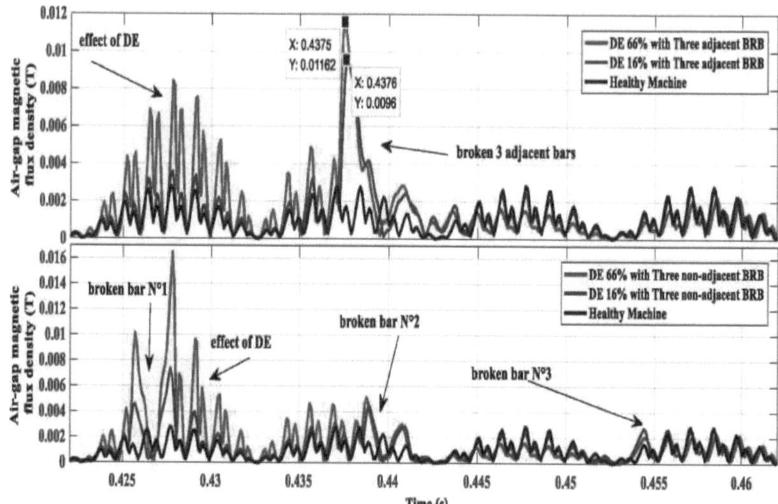

Fig. 14 - Densidade de fluxo magnético no entreferro para máquina sã e avariada com avaria combinada de DE e BRBs.

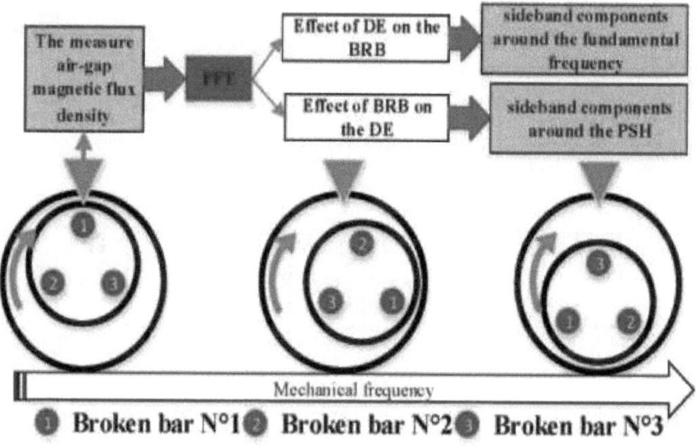

Fig. 15 - O método proposto de diagnóstico de avarias no rotor.

A densidade do fluxo magnético do entreferro é uma assinatura suficiente para detetar as BRB e as DE. O método proposto para o diagnóstico das avarias do rotor é apresentado na Fig. 15. Qualquer funcionamento anormal do GI aumenta a oscilação do binário eletromagnético e da velocidade da máquina, o que aumenta a distorção da densidade do fluxo magnético do entreferro. Por conseguinte, a diminuição da carga provoca um aumento da amplitude dos componentes da banda lateral em torno da harmónica fundamental, tal como referido em (Faiz et al. 2010).

A assinatura da análise da densidade do fluxo magnético do entreferro é utilizada para detetar falhas no rotor; centramo-nos no efeito da localização das BRB no espetro da densidade do fluxo magnético do entreferro em torno das bandas laterais da frequência fundamental apresentada na Fig. 16. A Equação (14) que descreve a frequência das BRB é a seguinte (Guedidi et al. 2013):

$$f_{BRB} = k \times (1 \pm 2s)f_s \quad and \quad f_{sidebands} = \frac{(1-s)}{p} \times f_s$$

$$f_{BRBL} = k(f_s - f_{sidebands}). \qquad f_{BRBU} = k(f_s + f_{sidebands}) \tag{14}$$

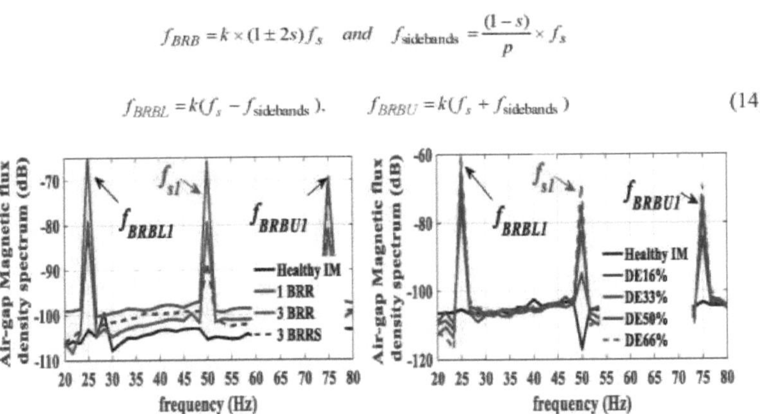

Fig. 16 - Espectro da densidade do fluxo magnético no entreferro das componentes da banda lateral em torno da frequência fundamental para o GI saudável e defeituoso.

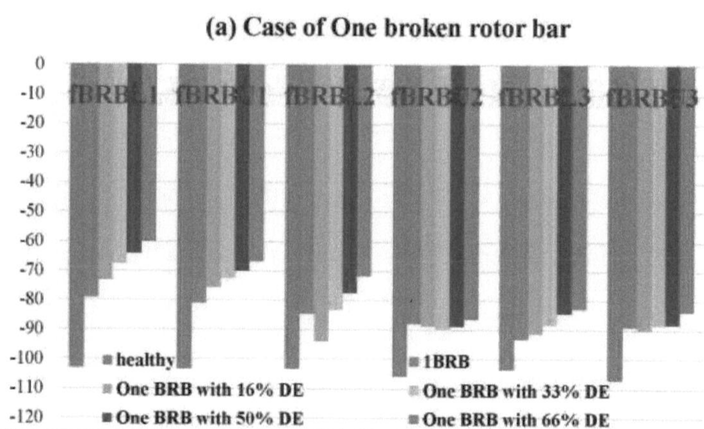

A Fig. 17 mostra o espetro da densidade de fluxo magnético do entreferro das componentes das bandas laterais em torno da frequência fundamental para MI saudáveis e defeituosos contendo BRB e DE que têm componentes *fBRBL1,2,3* (lado inferior) e *fBRBU1,2,3* (lado superior) correspondentes a k=1,2 e 3. Além disso, o aumento de BRB leva ao aumento das bandas laterais em torno da frequência fundamental. Como mostra a Fig. 17, há uma diferença significativa entre as faltas BRB e DE, em que a presença de DE aumenta também as bandas laterais em torno das frequências fundamentais. Verificou-se uma diferença significativa entre as duas condições de defeitos de forma combinada. A observação mais marcante que emergiu da comparação dos dados foi o aumento das bandas laterais harmónicas para o BRB causado pelo aumento da taxa de DE.

Fig 17 - Amplitudes de frequência das componentes da banda lateral

em torno da

frequência fundamental

em dB para máquinas sãs e avariadas com (a) uma barra partida, (b) três barras partidas

adjacentes e (c) três barras partidas não adjacentes com DE.

(b) Três barras quebradas adjacentes e (c) Três barras quebradas não adjacentes com

DE.

Além disso, no caso de uma falha por excentricidade, o campo do entreferro consiste

na

componente fundamental

, os harmónicos da Força Motriz Magnética do estator e do rotor (mmf) e as

permeâncias das ranhuras do

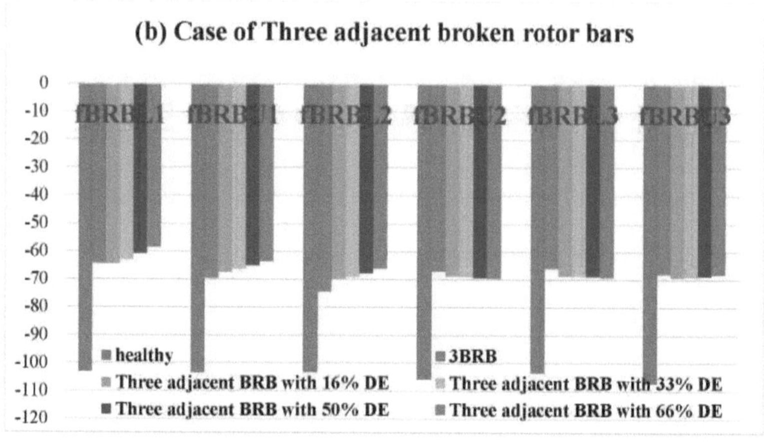

(b) Case of Three adjacent broken rotor bars

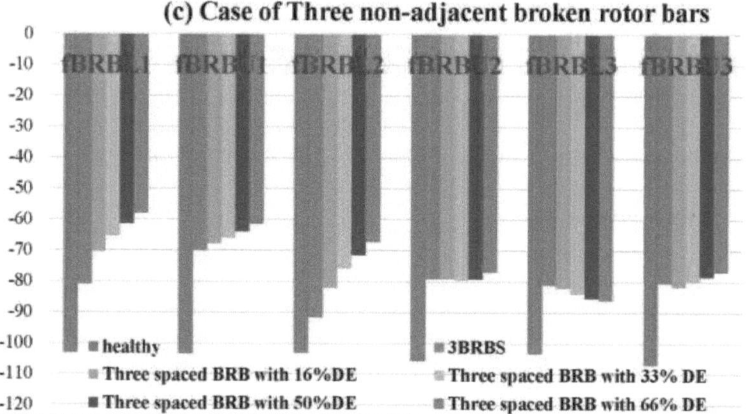

(c) Case of Three non-adjacent broken rotor bars

estator e do rotor terão componentes de banda lateral adicionais. O PSH tem sido utilizado para identificar e analisar falhas isoladas e combinadas e muitos trabalhos estão a tratar as falhas mistas de SE e BRBs (Kaikaa et al. 2014). Além disso, a densidade do fluxo magnético do entreferro tem demonstrado uma maior eficácia na deteção de pequenas excentricidades estáticas em comparação com as correntes do estator (Halem et al. 2013). Entretanto, a amplitude dos componentes da banda lateral varia com o tipo e o grau de excentricidade. O cálculo e a análise do campo mostram que existem componentes de banda lateral específicos na forma de onda da densidade do fluxo magnético da caixa de ar, que dependem da posição e do número de ranhuras

do rotor, do tipo e das percentagens de SE e DE (Faiz et al. 2010; Kaikaa et al. 2014).

Por este motivo, com base no espetro da densidade do fluxo magnético do entreferro,

as frequências das componentes harmónicas devidas à DE são dadas pela Equação (15)

abaixo;

$$f_{eccentricity} = \left((k \cdot n_b \pm n_d)\frac{(1-s)}{p} \pm \eta \right) \times f_s \tag{15}$$

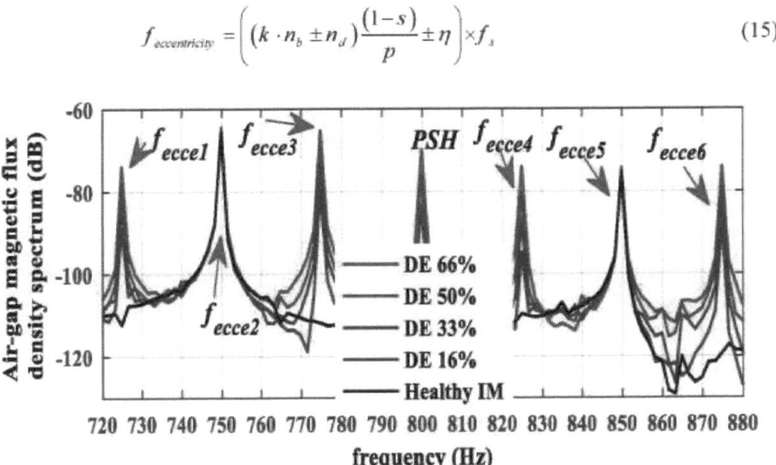

Fig. 18 - Espectro da densidade do fluxo magnético no entreferro das componentes da
banda lateral em torno de
PSH para máquinas sãs e avariadas que contenham DE.

De acordo com a Equação (15), onde n_b = 30 número de barras do rotor, p o número de pares de pólos, s é o escorregamento, $7=1$ é a ordem harmónica, nd é um número inteiro. A Fig. 18 mostra a banda lateral de harmónicos em torno do PSH onde n_d é escolhido para ser -3, -2, -1, +1, +2, +3 para *fecce1*, *fecce2*, *fecce2*, *fecce3*, *fecce4*, *fecce6* respetivamente, o aumento da taxa DE também aumenta os componentes da banda lateral de harmónicos em torno do PSH.

A Fig. (19) resume os resultados da DE isolada para a taxa de 16 a 66% e as falhas combinadas para cada valor de DE com uma BRB, três barras do rotor adjacentes partidas e três barras do rotor não adjacentes partidas. No entanto, as harmónicas *fecce1* e *fecce4* aumentam independentemente do grau de DE, e note-se que o efeito de uma e três barras adjacentes é maior do que no caso de barras não adjacentes. Entretanto, a *fecce2* diminui na presença de BRB quando a taxa DE é inferior a 50%. Além disso, os harmónicos *fecce3* e *fecce5* diminuem em relação aos BRBs apenas para o caso de 33% em *fecce3* e para 66% em *fecce5*. Além disso, a harmónica *fecce6* aumenta para 16 e 33%, e diminui para 50 e 66%. À luz do caso de BRBs não adjacentes é fácil identificá-lo, este resultado notável é apresentado pela diminuição em da amplitude das

bandas laterais harmónicas em todas as frequências.

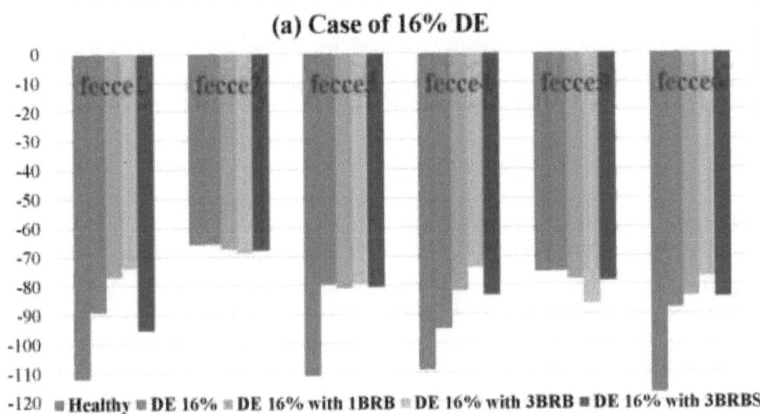

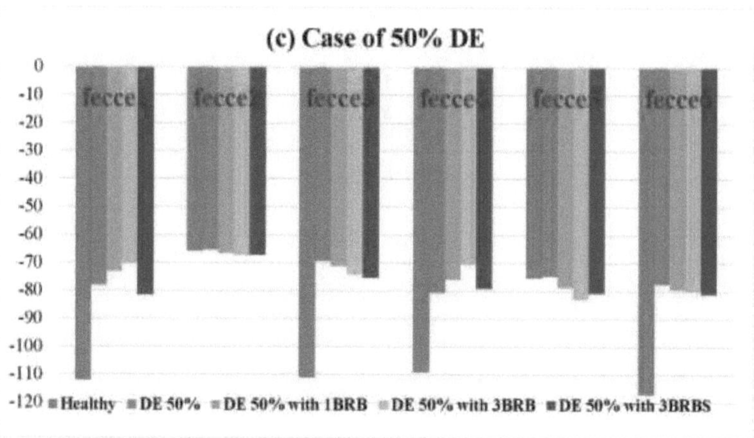

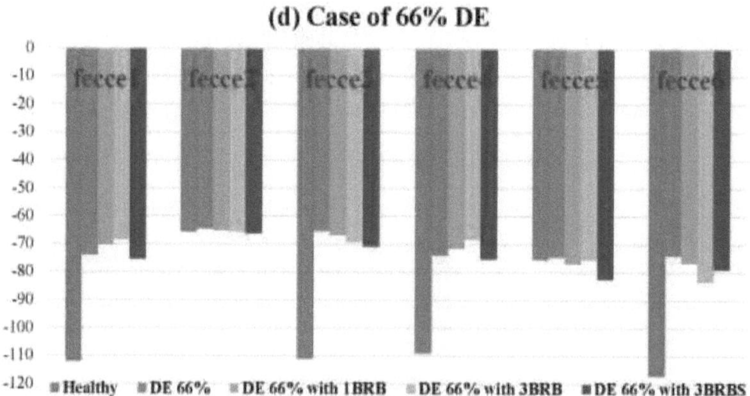

Fig. 19 - Amplitudes das frequências das componentes das bandas laterais em torno do PSH, em dB, para máquinas sãs e avariadas sob avarias combinadas de (a) 16%, (b) 33%, (c) 50%, (b) 66% DE com BRB

Conclusão

Neste trabalho, foi desenvolvida uma nova metodologia para o diagnóstico de falhas em máquinas de indução operando em vazio, baseada na análise da densidade de frequência do fluxo magnético do airgap, que determina as falhas tanto quando ocorrem isoladamente quanto quando combinadas (BRBs+DE). A metodologia fornece uma poderosa ferramenta de diagnóstico, bem como melhora a precisão e a fiabilidade das técnicas já desenvolvidas. O desenvolvimento do método e os resultados deste artigo provêm de um modelo IM baseado no MEF utilizado para criar defeitos no rotor. Foi apresentada a análise dos componentes defeituosos BRB e DE em MIs do tipo gaiola de esquilo, tanto isolados quanto combinados. Além disso, o potencial vetorial magnético e a componente do campo magnético são utilizados para o diagnóstico do efeito de cada defeito. Por fim, foi analisado o espetro da densidade de fluxo magnético do entreferro utilizado para a identificação das respectivas avarias através de componentes de banda lateral em torno da frequência fundamental e do PSH.

Referências

Antonino-Daviu J, Jover Rodriguez P, Riera-Guasp M, et al (2009) Deteção de defeitos combinados em máquinas de indução com ramos paralelos no estator através da DWT da corrente de arranque. Mechanical Systems and Signal Processing 23:2336-2351. doi: 10.1016/j.ymssp.2009.02.007

Arkkio A (1990) Análise de elementos finitos de motores de indução de gaiola alimentados por conversores de frequência estáticos. IEEE Transactions on Magnetics 26:551-554. doi: 10.1109/20.106376

Baccarini LMR, de Menezes BR, Caminhas WM (2010) Modelo dinâmico de indução de falta, adequado para simulação computacional: Resultados de simulação e validação experimental. Mechanical Systems and Signal Processing24:300-311.doi:10.1016/j.ymssp.2009.06.014

Benbouzid M (2000) A review of induction motors signature analysis as a medium for faults detection. IEEE Transactions on Industrial Electronics 47:984-993. doi: 10.1109/41.873206

Bessous N, Zouzou SE, Bentrah W, et al (2016) Diagnóstico de defeitos em rolamentos de motores de indução utilizando a transformada wavelet discreta. Jornal Internacional de Engenharia e Gestão de Garantia de Sistemas 1-9. doi: 10.1007/s13198-016-0459-6

Bhattacharya A, Dan PK (2014) Tendência recente na monitorização de condições para o diagnóstico de falhas em equipamentos. Jornal Internacional de Engenharia e Gestão de Garantia de Sistemas 5:230-244. doi: 10.1007/s13198-013-0151-z

Boudinar AH, Benouzza N, Bendiabdellah A (2015) Bearing fault diagnosis of in induction motor [Diagnostic des défauts de roulements d'un moteur asynchrone]. Revue Roumaine des Sciences Techniques Serie Electrotechnique et Energetique 60:39-48.

Boughrara K, Takorabet N, Ibtiouen R, et al (2015) Analytical Analysis of Cage Rotor Motores de Indução em Condições Saudáveis, Defeituosas e de Barras Quebradas. IEEE Transactions on Magnetics 51:1-17. doi: 10.1109/TMAG.2014.2349480

Camarena-Martinez D, Osornio-Rios R, Romero-Troncoso RJ, Garcia-Perez A (2015) Fused Empirical Mode Decomposition and MUSIC Algorithms for Detecting Multiple Combined Faults in Induction Motors. Journal of Applied Research and Technology 13:160-167. doi: 10.1016/S1665-6423(15)30014-6

Cameron JR, Thomson WT, Dow a. B (1986) Vibration and current monitoring for detecting airgap eccentricity in large induction motors. IEE Proceedings B Electric Power Applications 133:155. doi: 10.1049/ip-b.1986.0022

Ceban A, Pusca R, Romary R (2010) Falhas de excentricidade e barras de rotor quebradas - Efeitos no campo axial externo. In: XIX Conferência Internacional de Máquinas Eléctricas - ICEM 2010. IEEE, pp 1-6

Ceban A, Pusca R, Romary R (2012) Estudo de falhas do rotor em motores de indução utilizando a análise do campo magnético externo. IEEE Transactions on Industrial Electronics 59:2082-2093. doi: 10.1109/TIE.2011.2163285

Chattopadhyaya A, Sengupta S, Chattopadhyay S, et al (2013) Análise da corrente do estator de um motor de indução utilizado num sistema de transportes em fase única através da medição do ângulo de fase, dos componentes simétricos, da assimetria, da curtose e da distorção harmónica no plano de Park. IET Electrical Systems in

Transportation 4:1-8. doi: 10.1049/iet-est.2012.0048

Cruz SMA (2012) Um método de potência ativa-reactiva para o diagnóstico de avarias no rotor de motores de indução trifásicos a funcionar em condições de carga variável no tempo. IEEE Transactions on Energy Conversion27:71-84.doi:10.1109/TEC.2011.2178027

Dorrell DG, Thomson WT, Roach S (1997) Analysis of airgap flux, current, and vibration signals as a function of the combination of static and dynamic airgap eccentricity in 3-phase induction motors. IEEE Transactions on Industry Applications 33:24-34. doi: 10.1109/28.567073

Faiz J, Ebrahimi BM (2009) Localização de barras quebradas do rotor em motores de indução utilizando o método dos elementos finitos. Energy Conversion and Management 50:125-131. doi: 10.1016/j.enconman.2008.08.025

Faiz J, Ebrahimi BM, Akin B, Toliyat HA (2010) Análise dinâmica de assinaturas de excentricidade mista em vários pontos de funcionamento e escrutínio de índices relacionados para motores de indução. IET Electric Power Applications 4:1. doi: 10.1049/iet-epa.2008.0224

Faiz J, Moosavi SMM (2016) Eccentricity fault detection - From induction machines to DFIG-A review. Renewable and Sustainable Energy Reviews 55:169-179. doi: 10.1016/j.rser.2015.10.113

Faiz J, Ojaghi M (2009) Unified winding function approach for dynamic simulation of different kinds of eccentricity faults in cage induction machines. IET Electric Power Applications 3:461. doi: 10.1049/iet-epa.2008.0206

Goktas T, Zafarani M, Akin B (2016) Discernimento de falhas de ímã quebrado e excentricidade estática em motores síncronos de ímã permanente. IEEE Transactions on Energy Conversion 31:578-587. doi: 10.1109/TEC.2015.2512602

Guedidi S, Zouzou SE, Laala W, et al (2013) Deteção de barras de rotor partidas em motores de indução utilizando MCSA e rede neural: investigação experimental. Jornal Internacional de Engenharia e Gestão de Garantia de Sistemas 4:173-181. doi: 10.1007/s13198- 013-0149-6

Halem N, Zouzou SE, Srairi K, et al (2013) Diagnóstico de falha de excentricidade estática usando a análise de assinaturas da corrente do estator e do fluxo magnético do entreferro pelo método de elementos finitos em motores de indução saturados. Jornal Internacional de Engenharia e Gestão de Garantia de Sistemas 4:118-128. doi: 10.1007/s13198-013-0164-7

Hanafy HH, Abdo TM, Adly AA (2014) Análise de elementos finitos 2D e cálculos de força para motores de indução com barras quebradas. Ain Shams Engineering Journal 5:421-431. doi: 10.1016/j.asej.2013.11.003

Hernandez-Vargas M, Cabal-Yepez E, Garcia-Perez A (2014) Deteção em tempo real baseada em SVD de múltiplas falhas combinadas em motores de indução. Computadores e engenharia eléctrica 40:2193-2203. doi: 10.1016/j.compeleceng.2013.12.020

Ho SL, Fu WN, Wong HC (1998) Estimation of stray losses of skewed rotor induction motors using coupled 2-D and 3-D time stepping finite element methods. IEEE Transactions on Magnetics 34:3102-3105. doi: 10.1109/20.717726

Huangfu Y, Wang S, Qiu J, et al (2014) Análise de desempenho transitório do motor de indução usando o método de elementos finitos acoplado ao circuito de campo. IEEE

Transactions on Magnetics 50:873-876. doi: 10.1109/TMAG.2013.2281314

Iamamura B a. T, Menach Y Le, Tounzi a., et al (2010) Study of Static and Dynamic Eccentricities of a Synchronous Generator Using 3-D FEM. IEEE Transactions on Magnetics 46:3516-3519. doi: 10.1109/TMAG.2010.2043347

Iamamura BAT, Le Menach Y, Tounzi A, et al (2012) Estudo das excentricidades estáticas do gerador síncrono Resultados e medições do MEF. Actas - 2012 20ª Conferência Internacional sobre Máquinas Eléctricas, ICEM 2012 1829-1835. doi: 10.1109/ICElMach.2012.6350130

Iga Y, Takahashi K, Yamamoto Y (2016) Modelação por elementos finitos dos enrolamentos finais do estator de um gerador de turbina para análise de vibrações. IET Electric Power Applications 10:7581.

Kaikaa MYMY, Hadjami M, Khezzar A (2014) Efeitos da presença simultânea de excentricidade estática e de barras de rotor partidas na corrente do estator da máquina de indução. IEEE Transactions on Industrial Electronics61:2942-2942.doi:10.1109/TIE.2013.2288899

Kaltenbacher M (2015) Campo eletromagnético. In: Simulação Numérica de Sensores e Actuadores Mecatrónicos. Springer Berlin Heidelberg, Berlim, Heidelberg, pp 227-283

Kettunen L, Kurz S, Tarhasaari T, et al (2014) Modelação da rotação em máquinas eléctricas. IEEE Transactions on Magnetics 50:1-10. doi: 10.1109/TMAG.2013.2290101

Kim J, Shin S, Lee S Bin, et al (2015) Deteção baseada no espetro de potência de falhas no rotor do motor de indução para imunidade a falsos alarmes. IEEE Transactions on

Energy Conversion 30:1123-1132. doi: 10.1109/TEC.2015.2423315

Kim U, Lieu DK (1998) Cálculo do campo magnético em motores de ímanes permanentes com excentricidade do rotor: sem efeito de ranhura. IEEE Transactions on Magnetics 34:2243-2252. doi: 10.1109/20.703862

Labiod C, Bahri M, Srairi K, et al (2017) Análise estática e dinâmica de características magnéticas não lineares em motores de relutância comutada com base no método de elementos finitos de passo de tempo acoplado ao circuito. Jornal Internacional de Engenharia e Gestão de Garantia de Sistemas 8:47-55. doi: 10.1007/s13198-014-0294-6

Lee SS Bin, Hong J, Lee SS Bin, et al (2013) Avaliação da influência das condutas de ar axiais do rotor na monitorização da condição dos motores de indução. IEEE Transactions on

Industry Applications 49:2024-2033. doi: 10.1109/TIA.2013.2259132

Li S, Li Y, Sarlioglu B (2016) Força magnética desequilibrada do rotor em máquinas de ímã permanente com comutação de fluxo devido à excentricidade estática e dinâmica. Componentes e sistemas de energia eléctrica 44:336-342. doi: 10.1080/15325008.2015.1111469

Mabrouk AE, Zouzou SE, Khelif S, Ghoggal A (2017) Diagnóstico de avarias em linha em motores de indução trifásicos em funcionamento através das correntes activas e reactivas. Jornal Internacional de Engenharia e Gestão de Garantia de Sistemas 8:160-168. doi: 10.1007/s13198-015-0364-4

Naderi P, Fallahi F (2016) Eccentricity fault diagnosis in three-phase-wound-rotor induction machine using numerical discrete modeling method. Jornal Internacional de

Modelação Numérica: Redes Electrónicas, Dispositivos e Campos 29:982-997. doi: 10.1002/jnm.2157

Nandi S, Ahmed S, Toliyat HA (2001) Deteção da ranhura do rotor e de outros harmónicos relacionados com a excentricidade num motor de indução trifásico com diferentes gaiolas de rotor. IEEE Transactions on Energy Conversion 16:253-260. doi: 10.1109/60.937205

Park J-K, Hur J (2016) Deteção de falhas entre voltas e excentricidade dinâmica usando o padrão de frequência da corrente do estator em motores BLDC do tipo IPM. IEEE Transactions on Industrial Electronics 63:1771-1780. doi: 10.1109/TIE.2015.2499162

Rodríguez PVJ, Negrea M, Arkkio A (2008) Um esquema simplificado para a monitorização do estado do motor de indução. Mechanical Systems and Signal Processing 22:1216-1236. doi: 10.1016/j.ymssp.2007.11.018

Romary R, Corton R, Thailly D, Brudny JF (2005) Diagnóstico de avarias em máquinas de indução utilizando um sensor de fluxo radial externo. The European Physical Journal Applied Physics
32:125-132. doi: 10.1051/epjap:2005079

Romero-Troncoso RJ, Saucedo-Gallaga R, Cabal-Yepez E, et al (2011) Deteção online baseada em FPGA de múltiplas falhas combinadas em motores de indução através de entropia de informação e inferência difusa. IEEE Transactions on Industrial Electronics 58:5263-5270. doi: 10.1109/TIE.2011.2123858

Sahraoui M, Ghoggal A, Guedidi S, Zouzou SE (2014) Deteção de curto-circuito entre curvas em motores de indução utilizando o método de Park-Hilbert. Jornal Internacional de Engenharia e Gestão de Garantia de Sistemas 5:337-351. doi:

10.1007/s13198-013-0173- 6

Sakhara S, Saad S, Nacib L (2016) Diagnóstico e deteção de curto-circuito em motor assíncrono utilizando modelo trifásico. Jornal Internacional de Engenharia e Gestão de Garantia de Sistemas 1-10. doi: 10.1007/s13198-016-0435-1

Seghiour A, Seghier T, Zegnini B (2016) Diagnóstico de máquinas de indução das barras do rotor quebradas com base na densidade de fluxo magnético do air-gap. In: 2016 8th International Conference on Modelling, Identification and Control (ICMIC). IEEE, pp 180-185

Seghiour A, Seghier T, Zegnini B (2014) Identificação de defeitos no rotor através da análise do espetro magnético numa máquina assíncrona em gaiola de esquilo. In: Conferência Internacional 2014 sobre Ciências e Tecnologias Eléctricas no Magrebe (CISTEM). IEEE, pp 1-6

Seghiour A, Seghier T, Zegnini B (2015b) Diagnóstico de falhas no rotor usando espetro de campo magnético para uma máquina de indução. In: 2015 1st International Conference on Applied Automation and Industrial Diagnostics, (ICAAID). Djelfa, pp 1-10

Seghiour A, Seghier T, Zegnini B (2015a) Diagnóstico da excentricidade dinâmica simultânea e das barras quebradas do rotor utilizando o espetro do campo magnético do intervalo de ar para

uma máquina de indução. In: 2015 3rd International Conference on Control, Engineering

e Tecnologia da Informação (CEIT). IEEE, pp 1-6

Silva AM, Povinelli RJ, Member S, et al (2013) Método de Monitoramento de Falhas na Barra do Rotor Baseado na Análise dos Torques de Air-Gap de Motores de Indução. IEEE TRANSACTIONS ON INDUSTRIAL INFORMATICS 9:2274-2283.

Tavner P. J (2008) Review of condition monitoring of rotating electrical machines (Revisão da monitorização do estado das máquinas eléctricas rotativas). IET Electric Power Applications 2:215-247. doi: 10.1049/iet-epa

Vitek O, Janda M, Hajek V (2010) Efeitos da excentricidade no campo magnético externo da máquina de indução. In: Melecon 2010 - 2010 15th IEEE Mediterranean Electrotechnical Conference. IEEE, pp 939-943

Xiaoyan Wang, Dexin Xie (2009) Analysis of Induction Motor Using Field-Circuit Coupled Time-Periodic Finite Element Method Taking Account of Hysteresis. IEEE Transactions on Magnetics 45:1740-1743. doi: 10.1109/TMAG.2009.2012802

Xiuhe Wang, Chang, Rong Zhang, et al (2006) Análise do desempenho do motor de indução monofásico com base na análise de elementos finitos complexos de fontes de tensão. IEEE Transactions on Magnetics 42:587-590. doi: 10.1109/TMAG.2006.871454

Yang C, Kang T-J, Hyun D, et al (2014) Deteção fiável de falhas no rotor do motor de indução sob a influência da conduta de ar axial do rotor. IEEE Transactions on Industry Applications 50:2493-2502. doi: 10.1109/TIA.2013.2297448

Yang C, Kang T-J, Lee S Bin, et al (2015) Rastreio de falsos alarmes de avaria de motores de indução produzidos por condutas de ar axiais com base nos componentes de corrente induzidos por harmónicas espaciais. IEEE Transactions on Industrial Electronics 62:1803-1813. doi: 10.1109/TIE.2014.2331027

Printed by Books on Demand GmbH, Norderstedt / Germany